未来能源
让世界动起来

探索月球
神秘而强大

神奇地球
蔚蓝的家园

神秘机器人
人工智能和超级好帮手

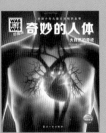

奇妙的人体
大自然的杰作

深海之谜
生机勃勃的黑暗国度

太空之旅
深入宇宙的探险

走进热带雨林
地球的绿色宝库

宇宙中的星体
开启探索宇宙的大门

伟大的发明
天才与灵感的杰作

神奇的火车
沿着铁轨游遍未来

沙漠之旅
流沙、绿洲和无尽的远方

显微镜探秘
肉眼看不见的微小世界

野生动物
从未被驯服的野性

奇趣萌宠
人类的好朋友

鸟类不简单
天空中的杂技演员

神秘的古埃及
尼罗河馈赠的金色帝国

印第安人
北美原住民

伟大的探险家
跟随他们的脚步，探索全世界

未来世界
一切都在变化之中

蛇的故事
拥有剧毒的捕食好手

考古探秘
发掘历史的宝藏

马的生活
人类最亲密的伙伴

舞蹈的魅力
翩翩起舞

生物质资源
植物动力引领未来

石器时代
火的控制与使用

WAS IST WAS

学习源自好奇 科学改变未来

U0182189

WAS
IST
WAS
珍藏版

神秘机器人

人工智能和超级好帮手

[德] 班恩德·佛勒斯纳／著　　林碧清／译

航空工业出版社

方便区分出不同的主题！

真相大搜查

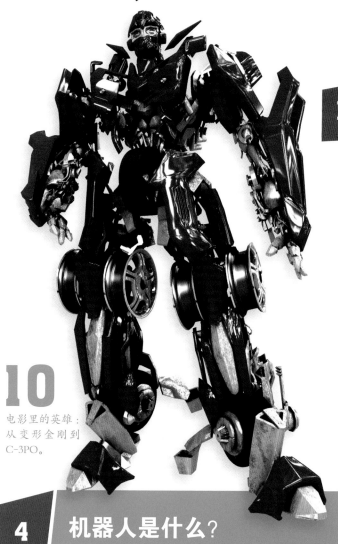

12 与机器人共事

无人机静悄悄地在上空盘旋。它们发现了什么？

22 机器人的新发展

4 机器人是什么？

汪！汪！
到 34 页来看我们！
汪！

符号箭头 ▶ 代表内容特别有趣！

ASIMO
HONDA

重要名词解释！

8只脚 爬入火山

"但丁" 2 号
高度：3.7 米
宽度：2.3 米
长度：3.7 米
重量：770 千克
速度：最快 7 厘米 / 秒
续航力：300 米

火山口很热、很滑，地下还会不断冒出有毒气体。如果来到位于美国阿拉斯加州的斯普尔火山，就算穿着防护衣，也没有人敢踏入火山口——这座火山随时都可能爆发。然而，"但丁" 2 号却在 1994 年的夏天，攀岩进入火山内部深达 165 米的地方。不过这个机器人需要好几天的时间才能够完成任务，因为就算它有 8 只脚，湿滑的地面仍令它寸步难行。它身上配备了各种传感器，可以扫描周边的环境，以及测量温度。此外还配有 8 部摄影机，可以监视每一颗石头和每一道烟雾。"但丁" 2 号终于抵达了火山口的底部，这里才是它执行最终任务的地方。这次冒险是为了帮助科学家研究由火山内部喷发出来的气体。

保持距离，保证安全

在距离火山大约 120 千米的地方，科学家正一丝不苟地监视着这个机器人的一举一动。在任务控制中心，他们既不怕有毒的气体，也不怕火山突然爆发。"但丁" 2 号的所有信号和影像，都是经由卫星传送到这里的，只要画面稍微晃动一下，这些科学家就睁大眼睛，忐忑不安。他们担心的是，机器人是不是掉下去了？那可就前功尽弃了！然而，"但丁" 2 号不负众望，所有的测量仪器都正常工作，并且没有一点瑕疵。终于，显示器上出现了第一批数据，研究火山的科学家可以利用这些测量结果，更精确地预测火山爆发。这次的任务圆满完成！甚至连回程中的重重困难，"但丁" 2 号也成功克服了。一步一步，它又爬上火山口的边缘。虽然路上发生了一点小问题，但很快就得到了解决。最后，在一旁待命的直升机顺利地把机器人接回了任务控制中心。

天 线

雪盘脚座

"但丁" 2 号用 8 只脚从火山口边缘一步步爬入火山——比登山专家还有自信。

一切正常

火山什么时候会爆发呢？要回答这个问题，必须要靠火山学家架设的测量仪器。因为回答问题的关键就在于，火山所喷发出来的气体中到底含有哪些成分。

就算戴着防毒面具，人类也只能在很有限的少数区域研究火山。

怒"浆"冲冠！

▶ 你知道吗？

在地球上，共有大约 1500 座活火山，其中有 500 座在近 100 年内爆发过。地球上每 10 个人当中，就有 1 个居住在这些火山的附近。因此，我们必须研发出更好的火山机器人来进行研究。

机器人的先行者

达·芬奇的机器人会动，他运用了关节的概念与滑轮技术。

机械鸭子

吹笛人

铜人塔罗斯

在希腊神话中，有一个非常精于锻造的火神赫斐斯托斯，他用青铜打造了巨人"塔罗斯"。塔罗斯的任务就是保护克里特岛免受敌人的进犯。当敌人逼近的时候，塔罗斯会迅速把他们的船只用火烧掉。

机械骑士

意大利发明家达·芬奇（1452—1519）在1495年设计了一个人形的机械骑士，它可以站着或坐着，手臂也会动。这是达·芬奇为侯爵的宫殿设计的，用来娱乐宾客。到了1950年，设计蓝图才被发掘出来。当时的机器人专家根据所发现的蓝图，仿造出了这个机械骑士。这可以说是人类第一次尝试建造与我们外貌相似的人形机器人。

吹笛人

法国人雅克·德·沃康松（1709—1782）在1737年发明了一个机械式的吹笛人，它可以演奏12首曲子。控制这个机器人吹奏的是一个针轮，就像八音盒里使用的那种滚轮。

◀ 公元前　公元后 ▶

| 2000 | 70 | 0 | 1495 | 1737 | 1743 |

左图是神秘机器的原始古物。

机械鸭子

沃康松所构想的机械鸭具有非常复杂的功能。它会拍翅膀，嘴巴喋喋不休，不但能喝水，还会吃谷物。鸭子的两个翅膀各由400个零件构成——这真是一件大师级的作品！他用一根塞满化学材料的橡胶管，作为人造的胃肠食道，让鸭子可以"消化食物"，当时看过的人莫不啧啧称奇！因为像这样一个栩栩如生的人造动物，他们从来都没见过！

橡胶管

安迪基西拉岛的神秘机器

1900年，这个神秘的机器在希腊的安迪基西拉岛附近海域被打捞起来，它使用了许多很精密的齿轮来计算日期。科学家用各种仪器来研究机器的残存物，经过长时间研究与推敲，他们终于了解了原型机的大致结构，重建出仿造品（上图右）。

法国工程师及发明家沃康松，是那个时代聪明绝顶的人物。

会写字的自动机

瑞士的钟表大师皮埃尔·雅克－德罗（1721—1790）发明过许多自动机器，其中最有名的是写字人，它是由一种类似钟表的齿轮结构来驱动的。这个自动机大约有70厘米高。

马达博士

匈牙利发明家塔尔扬·法兰克（1895—1956）在1929年发明了一个机器人，名叫"马达博士"（Dr.Motor），这个机器人随后被放在布达佩斯的一家卖场展出。它还会"讲话"，不过是由另一个人在隔音房里用麦克风说的。"马达博士"令卖场的顾客感到好奇，大家都觉得很新鲜。

写字人手里的笔尖由一个圆盘上的凸轮牵引。由于凸轮可以刻画出任意的形状，所以笔尖可以随着凸轮转动的轨迹，勾勒出复杂的文字。

阿西莫

最先进的人形机器人之一，可以稳健地用双脚走路。阿西莫（ASIMO）除了会跑、会跳、会爬楼梯之外，甚至还会踢足球！连专家都赞叹不已。这是日本本田公司经过长期研发取得的成果。

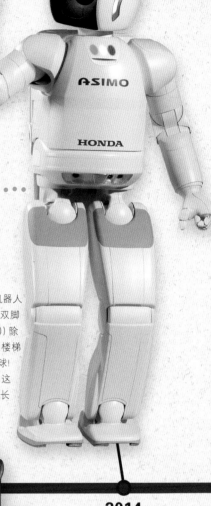

1769　　**1774**　　　　**1920**　　**1939**

1929　　　　　　　　　　**2014**

这台自动机器曾经以"土耳其行棋傀儡"之名闻名欧洲。

"机器人"开始叫作"robot"

"机器人"这个词的英文"robot"，源自一名捷克作家卡雷尔·恰佩克的作品《罗素姆万能机器人》。作者用捷克语把剧中的"工人"称为"罗伯特"，也就是现在英文的"robot"。这部1920年的作品，讲的是机器人计划群起反抗人类的故事。

"电动人"的发明者想得很周到，还做了一只狗来陪它。

机器人来了！

1939年，在纽约世界博览会上，美国西屋公司展出了这个"仿人"（就是人形机器人的意思）。它有一个名字叫"电动人"（Elektro），身高有2.2米，可以被遥控。"电动人"会说700个字，还会抽雪茄，也可以用手指头数数。直到现在，它还被保存在博物馆里。这个"电动人"在大众的脑海里，留下了机器人模样的刻板印象。

帮机器人取名为"robot"的捷克作家：卡雷尔·恰佩克（1890—1938）。

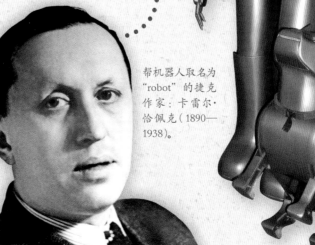

肯佩伦的下棋人

匈牙利的发明家沃尔夫冈·冯·肯佩伦（1734—1804），在1769年发明了一个机械式的下棋机器人。不过实际上，它是由一个躲在机器里的真人操作的。

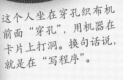

这个人坐在穿孔织布机前面"穿孔"，用机器在卡片上打洞。换句话说，就是在"写程序"。

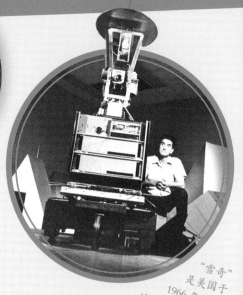

"雪奇"是美国于1966年发明的机器人。它是第一个可以自主四处走动的机器人。

19世纪初开始，人们就用穿孔卡片，以机械的方式来控制织布机运作。这些卡片上孔洞的排列组合，类似于编好的"程序"。

从织布机到个人计算机

用纸孔储存信息？

20世纪60年代以前，大家使用各式各样的穿孔卡片机，来控制机器和记录资料。那时候的做法是，先把数据转换为一连串有洞或无洞的组合，然后把这些洞打在卡片上。将卡片送入机器，机器通过感应有洞或无洞，来读取记录在卡片上的数据。如果把这些数据当作指令的话，就可以用来控制机器。从现代的观点来看，这就叫作"编程"。在现代，程序会直接写入计算机，以前是先用打卡机把程序打在卡片上。

想要制造机器人，还真不容易，更不用说是做人形机器人——也就是那种"人模人样"的机器人。这中间有许多问题必须解决，包括关节的部分、驱动的方式，还有手和脚的驱动及控制方法，而最大的问题当然是要让它具有智慧。直到第二次世界大战结束之前，人类可以利用的工具只有穿孔卡片机以及机械式的装置，例如齿轮或滑轮。要等到晶体管和计算机的应用普遍化之后，才有可能让机器人变得稍微聪明一点。

MM7 会吸走地板灰尘！

人类从20世纪起，开启了机器人的新纪元。建造人形机器人，成为全世界许多发明家和工程师追求的时尚潮流，其中一位佼佼者就是维也纳人克劳斯·斯沃茨。他在1961年建造了一个机器人，名叫"MM7"。这个机器人会开门、吸尘，还会端饮料给客人。由于它是用电动马达驱动的，所以只要有家用的电器插座，就可以供电使用。"MM7"曾经

轰动一时，到现在还展示在维也纳的科技博物馆里，供人观赏。

高手来了

由于计算机技术的发展速度越来越快，而且相当成功，就连许多世界知名大学的科学

MM7

机器人"MM7"比较像是人类的家仆，具有家庭好帮手的形象。

➡️ 你知道吗？

德国工程师康拉德·楚泽（1910—1995）在 1941 年建造了世界上第一台真正可以用的电子计算机。这台电子计算机的名字叫"Z3"，使用继电器作为主要的开关组件。所谓继电器，就是利用电磁铁做成的电子开关。本图是"Z3"的前身，叫"Z1"。

1970 年开始研发的，虽然身体有点像铁架，但看起来更像是人形机器人了。"早稻田机器人一号"可以辨认出身边的物品、测量这些东西的距离、听得懂人类的命令，借助手指上灵敏的传感器，它还可以抓取易碎的物品而不会将其弄破，例如玻璃杯。它的第二代名叫"早稻田机器人二号"，还会演奏风琴。

知识加油站

▶ 有名的"机器人学三定律"源自俄裔美籍科幻小说家艾萨克·阿西莫夫（1920—1992）的作品。三大定律于 1942 年第一次出现在他的短篇小说里。

▶ 第一定律：机器人不得伤害人类，或坐视人类受到伤害。

▶ 第二定律：除非违背第一定律，机器人必须服从人类的命令。

▶ 第三定律：在不违背第一及第二定律的情况下，机器人必须保护自己。

家也开始投入机器人的研究工作。一开始，他们大多致力于图像处理、语音识别技术、各类传感器，以及其他对于机器人的发展有用的新技术。在这样的情形下，美国加州斯坦福大学的科学家自 1966 年起，开始研发"雪奇"（Shakey），这是世界上第一台具有人工智能的机器人，虽然长得不那么像人，但是它已经可以辨认人类的语音，也能执行命令。它有能力自主规划行动路线，在复杂的环境中避开障碍物，自由行动。

早稻田机器人不仅会跑，还会弹风琴

"雪奇"是用轮子到处游走的，而"早稻田机器人一号"（Wabot-1）就真的会走路了——虽然走得很慢。它是日本早稻田大学从

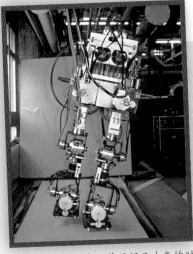

科学家在实验室里花了好几十年的时间，终于教会了"早稻田机器人一号"一步一步地走路。

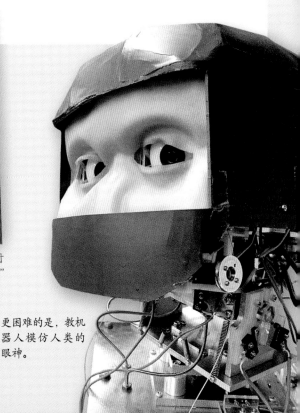

更困难的是，教机器人模仿人类的眼神。

电影里的机器人

→ 电影纪录
只有**112**厘米

这是英国演员肯尼·贝克的身高,所以他才能够躲进那么小的"R2-D2"里面,"R2-D2"就是电影《星球大战》里的那个小机器人。

在19世纪末,电影史上的前几部电影大多是科幻电影,可以说人类从一开始看电影,就见识到了各式各样的太空船和机器人。第一个电影中的机器人出现在1897年的银幕上,那是一部法国短片。

《大都会》

首先成为电影巨星的人形机器人,出现在1927年上映的《大都会》中。这部德国电影中的机器人,是一位名叫洛特汪的发明家创造的,目的是要假冒剧中的女英雄玛丽娅。这个复制机器人的造型令人印象深刻,直到现在,许多导演都还刻意模仿这个机器人的样貌,来纪念《大都会》这部影片。你一定知道《星球大战》里的"C-3PO",它也是仿照1927年这个机器人造型的电影明星。

古特

另一个我们今天都还认识的机器人,是1951年来到这个地球上的,不过是在电影里。在电影《地球停转之日》里,巨大的机器人"古特",和它的外星人伙伴"克拉图"从宇宙飞船里走了出来。古特可以用射线轻而易举地把钢铁装甲熔化掉。克拉图和古特最重要的任务是拯救地球。

罗比

同样有名的是1956年出现在电影《禁忌星球》里的机器人——会说话的"罗比"(Robby),它具有可以复制东西的特殊能力。罗比深受大众的喜爱,后来其他的电影也都要请它上场。

虽然"瓦力"还算不上是一个人形机器人,但是它可以做出人类的种种表情。

WALL·E

《机器人总动员》和《机器人历险记》

给儿童和青少年看的电影里,当然也会有机器人。《机器人历险记》讲的是机器人小孩"罗德尼"冒险的故事。电影《机器人总动员》是关于整个地球与人类生存的故事:人类留下一批机器人打扫到处都是的垃圾,许多年后,再也无法居住的地球只剩下"瓦力"一个机器人。瓦力历经千辛万苦,终于让人类再度回到地球居住。

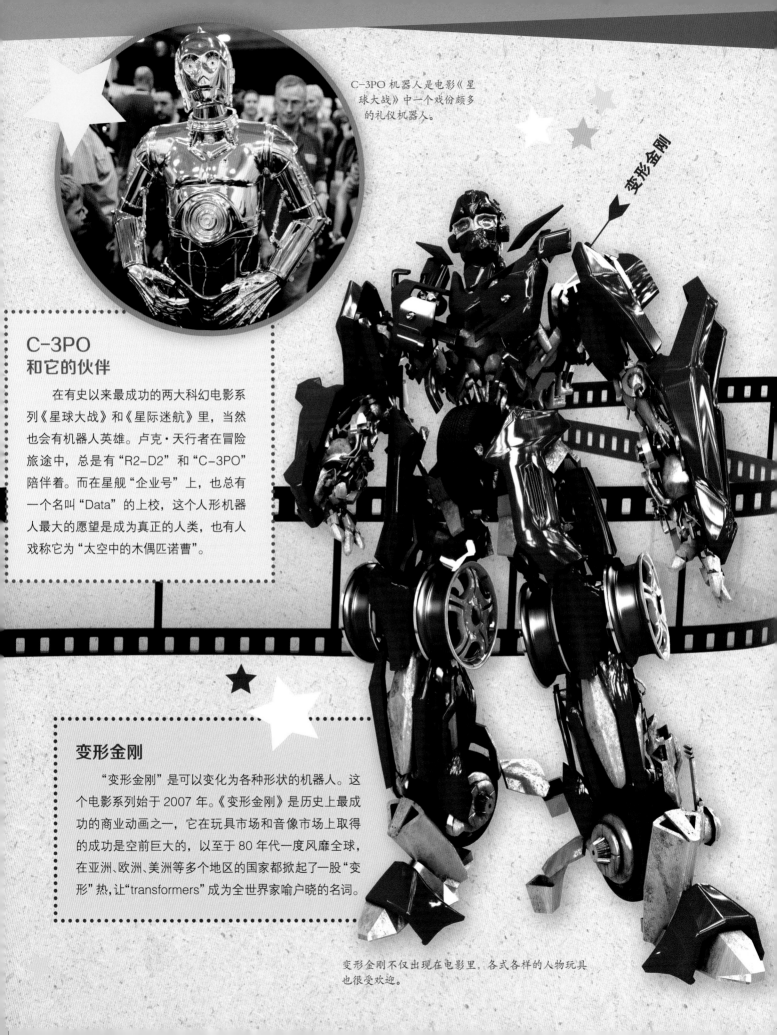

C-3PO 机器人是电影《星球大战》中一个戏份颇多的礼仪机器人。

变形金刚

C-3PO
和它的伙伴

在有史以来最成功的两大科幻电影系列《星球大战》和《星际迷航》里，当然也会有机器人英雄。卢克·天行者在冒险旅途中，总是有"R2-D2"和"C-3PO"陪伴着。而在星舰"企业号"上，也总有一个名叫"Data"的上校，这个人形机器人最大的愿望是成为真正的人类，也有人戏称它为"太空中的木偶匹诺曹"。

变形金刚

"变形金刚"是可以变化为各种形状的机器人。这个电影系列始于 2007 年。《变形金刚》是历史上最成功的商业动画之一，它在玩具市场和音像市场上取得的成功是空前巨大的，以至于 80 年代一度风靡全球，在亚洲、欧洲、美洲等多个地区的国家都掀起了一股"变形"热，让"transformers"成为全世界家喻户晓的名词。

变形金刚不仅出现在电影里，各式各样的人物玩具也很受欢迎。

勤快的 工业机器人

在很多人的想象中，机器人只在汽车工厂里工作。其实机器人的应用领域非常广泛，例如右图中的机器人，它工作的地方是一家巧克力工厂。

科学家正在分装放射性物质。多亏有机械手臂，他才能免于辐射的危害。

汽车工厂的成功案例

即便这些第一代工业机器人的构造非常简单，但它们还是极受欢迎，而且很快在汽车工业中成为不可或缺的设备。对人类而言，太粗重或危险的工作，特别适合机器人来做，例如车身零组件的焊接工作。此外，它们在速度和精确度上，很快就有了更出色的表现，在力气方面更是出类拔萃。再加上机器人最多可以有15个转轴，这使得它们身段灵活，四面八方活动自如。工业机器人在美国获得成功之后，1970年也被应用于德国的汽车工厂。

"平易近人"的机器人

在机器人制造商的实验室里，已经有了更容易操作的新一代机器人。新的机械手臂不再掩蔽于安全防护网之后，而是可以和人类在一起工作，不会伤害人类。和这些机器人一起工作的人，不需要懂得复杂的程序设计，只需要牵着它们的手，指导它们如何做事。

第二次世界大战结束之后，有一些研究机构很积极地进行放射性物质实验。但是这些物质非常危险，人类根本就不能用手去接触它们。因此有些研究人员研发出了机械手臂，让人类可以躲在厚厚的玻璃窗之外，进行放射性物质的研究工作。在这种新技术的启发下，美国发明家乔治·德沃尔萌生了一个想法：为什么不把这种机械手臂变成可以用程序控制的机器人手臂呢？这样就可以普遍地运用于制造业。1956年，他创立了第一家工业机器人公司。他所生产的工业机器人，自1961年开始运用于汽车制造业。从那时起，生产线旁的工人们多了一些能干的伙伴。

手 臂

在机器人的手臂上，可以安装各式各样的工具和传感器。

转 轴

机械手臂的转轴可以增加手臂活动的自由度。

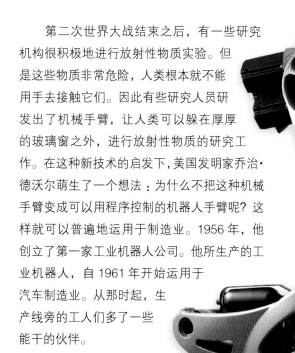

用工业机器人来焊接汽车零件，比人工更精准，速度也更快。

举重纪录 1000 千克

有些机器人可以举得起这个重量——它们是工地里吃苦耐劳的好同事！

灵活的手臂

超强的电动凿锤

更安全的拆除工作

工作人员不需要用手提着笨重的电动凿锤，只要站在一旁操纵机器人就可以了，这项工作变得轻松又安全。

针对每一种物品都有比较合适的抓取方法，也有相应的工具，比如用吸盘把纸箱"拿"起来。

各种领域应用广泛

机器人在汽车制造业的应用范例只是一个开端，到了今天，它们已经被应用于制造业的多个领域，从化学工业到电子业，许多地方都能看到机器人的身影。仅仅是在 2013 年加入生产行列的工业机器人，全世界就有大约 16 万个，而正在工业领域服役的机器人总量则高达 150 万。另外还要加上在服务业服务的 1700 万个机器人，它们服务于大型厨房、博物馆、医院或商店等场所。由于各种工作自动化程度的不断提高，可以预计机器人的数量在未来几年还会急剧攀升。

从事手工业的机器人

近年来，机器人不断地征服更多小型的手工业领域，例如澳大利亚专家罗德尼·布鲁克斯所研发的半人形机器人"巴克斯特"(Baxter)。自 2012 年开始生产的巴克斯特，对小型企业来说是最理想的机器人，特别是那些需要重复拿取物品的工作。它最大的优点是：相对于那些巨型的工业机器人，巴克斯特不需要专业的程序设计师，而是以互动的方式学习如何拿放物品。工作人员只要抓着它的手臂示范一次，让它知道该做什么，巴克斯特就会"注意到"并记下这些动作，然后就能够独立自主，反复执行同样的工作。如果有人接近它，它也会"注意到"，并且放慢速度，以免伤害到人。像巴克斯特这样的机器人，一定会很快应用于许多企业。

你知道吗？

机器人早已普遍应用于建筑工地了。它们可以帮忙磨平灌好浆的混凝土、洗磨墙面，或是安装天花板。美国还研发出一种机器人，可以把一块块的砖头砌成一面墙。

仓库里的堆货机器人不仅可以省钱省力，还能节省许多空间。

农用机器人采收莴苣的时候，会刻意留下小棵的苗，让它们继续生长。

不多也不少

许多机器人一起工作的时候，会互通信息，商量好正确的肥料使用量。

➤ 你知道吗？

当许多机器人一起工作的时候，它们会相互联系、交换信息、分工合作，组成"机器人团队"。团队里每一个单独的机器人所具有的能力都是有限的，只有当它们联合起来的时候，才能圆满完成任务——就像蚂蚁社会一样。

农田里的机器人

美国 1971 年的科幻电影《宇宙静悄悄》（Silent Running）中有 3 个机器人，"杜威""休伊"和"路易斯"。它们细心地照料人类托付的植物，在宇宙飞船上的温室里，拿着铲子、提着洒水壶，为人类当起园丁来。这是当时科幻片里的一个场景，到了今天，这个幻想早就实现了。无论是在牧场、果园、菜园，还是庭院的草坪上，到处都有机器人的踪迹。小小的割草机器人在庭院草坪工作的时候，总是静悄悄的，不会发出扰人的噪声，所以就连在半夜里，它们也照样忙个不停。割草机器人用微电脑控制，不会错过任何一块草坪，当电池没有电的时候，它们还会自己去充电。机器人割草的时候，总是只切掉一点点草秆，让它们就地落在草丛中成为肥料，不需要被当作垃圾收集起来运走。

挤奶机器人和快乐的牛

自 1992 年起，畜牧业的工人们就不需要再亲自挤牛奶了——因为他们拥有现代化的挤奶机器人。其实这是一整套为乳牛服务的机器人系统，这个系统会运送饲料，也会清洁地面。乳牛可以在牛棚里自由行动，并且由它们自己决定什么时候该挤牛奶。时间到了，它们就自行走到一个特殊的工作站，那里有一个机器人手臂，在它们身体下面摆动着。工作站里的感应器会自动辨认出乳头，接着启动清洗步骤，然后把挤乳杯接上去。挤过奶之后，这些设备会自动清洗。这些乳牛甚至还很享受机器人的按摩！做按摩工作的是一个装着旋转刷子的机器人手臂。农场的主人在牛棚的屏幕前控制所有程序，只有在必要的时候，才会出手干预。

怎么连喂牛也派饲料机器人来？但是管他呢，好吃就行！

嗯……偶尔让机器人按摩一下，真是身心舒畅！

害虫杀手

采收西红柿

在实验室里，采收机器人的机械手指正在接受测试，必须确保摘取的动作不会伤害到果实。

机器人如何促进农业？

近年来，农田里已经可以看到第一代农用机器人。虽然它们还不是很成熟，但是已经代表着时代发展的趋势。借助各种传感器和摄影机，农田机器人具有辨认周围环境的能力。无论是用轮子还是用脚巡视农田，它们只要发现一块农闲的空地，身上准备的种子就会派上用场。机器人之间还会不时互相交换信息，以确保不会让任何一块耕地空闲在那里。传感器可以测量土质，在必要的时候让土壤得以施肥或灌溉。它们还会用钳子消灭害虫、去除杂草。像这种新型的"机器人团队"，已经在一些酿酒用的葡萄园进行测试。在收成的季节里，它们能够辨认出成熟和尚未成熟的果实。在菜园里，它们也懂得分辨蔬菜叶的大小，会让小棵的留在原地继续生长，只采收大棵的成熟蔬菜。这就是机器人应用在农业的大致情形，既节省时间和精力，又能够做到不洒农药，有益环保。

采收机器人必须精确地判断每一颗果实的成熟度。

→ 最高纪录
600株葡萄树

法国有一种葡萄园机器人，名字叫"VIN"，这是"Vigne Intelligence Naturelle"的缩写，法文的原意是"天然智慧的葡萄树"。它可以在一天之内巡视并修剪600株葡萄树，这是人类都不能办到的！

在这片农地里，原本是人们弯着腰或跪在地上工作，现在则是轻松愉快地由机器人代劳。

自从老板有了机器人，这里的一切都轻松多了！

扫描仪准确辨识出乳牛的乳房位置，然后分毫不差地把挤乳杯罩上去。

挤奶机器人掌握了全局，哪一头牛已经挤过奶，它都记得一清二楚。至于如何判断是哪一头，则是借助于无线辨识标签或近距离无线通信技术。

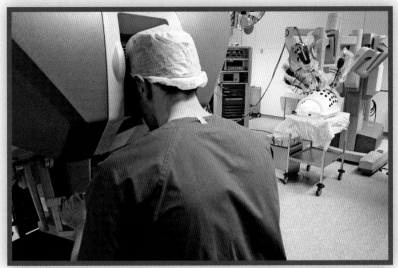

外科医生以遥控方式进行手术。他在屏幕上看到的是手术部位的3D立体影像。真正执行手术的是机器人"达·芬奇"。

测量血压的数据结果会直接传送到计算机里保存起来，以供调阅。

我的医生是机器人

"达·芬奇"有4只手臂，可以同时使用不同的手术工具，再小的手术切口都游刃有余。

外科医生操纵着控制杆，可以精确把控机器人的手臂，进行手术。

病人躺在冰冷的手术台上，已经做好接受外科手术的准备。在麻醉师的看护之下，外科医生开始动刀，熟练地操作各式各样的手术器材。如果我们不透露主刀的外科医生是谁，这看起来就只是千篇一律的手术室场景。这位"达·芬奇"医生是一个机器人。在手术室的另外一端，有一个真正的外科医生正专注地看着监视器，操纵"达·芬奇"的每一个动作。"达·芬奇"已经在许多医院里动过手术，相对于人类，它的优点是从来不会走神，就算一天连续做10台手术，也还是神采奕奕。但重要的是，人类和机器人必须紧密合作。

关怀机器人在紧急情况下可以帮助病人。例如，它们可以转述医生在远方所提出的问题。

以电维生的护理师

病人回到病床后，房间里出现的是另一个机器人。这是在德国斯图加特研发出来的"关怀机器人"（Care-O-bot）。它会把饮料送给病人，还会询问病人的需求。如果有杯子掉在地上的话，它也会"顺手"用机械手臂捡起来，放到托盘里。关怀机器人最大的优点是，它从来不需要睡觉，随时都在值班。此外，它可以扶助病人，还会帮病人送洗衣物或铺床。这种类型的照料比较悠闲，它还有时间跟病人聊天，分担他们的忧虑。

借助机器骨骼行动自如

病人刚出院的时候，身体还很虚弱，必须克服许多困难，才能够不依赖他人自由行动。面对这种情形，最佳的解决方法就是穿上一套机器人装，依靠它的支撑，病人在行动的时候可以减轻肌肉和骨骼的负担。这种叫作"HAL"的机器人装，在日本已经有300多套正在使用，可以帮助行走不便的病人自由活动。服装里有特殊的传感器，可以侦测人类大脑传送到肌肉的信号，还会把这些信号转换为机器人的辅助动力。它可以说是一个"机器骨骼"，会按照大脑的意志行动。在未来，年纪大的人或半身不遂的患者也可以借助机器人装，随心所欲地活动。

可爱的机器海豹"帕罗"

一位老奶奶患上了阿尔茨海默病，因此被送到赡养院生活。她的记忆力衰退得很严重，以至于不能跟其他人正常交谈，因此有位护理师就把"帕罗"（Paro）介绍给她。帕罗其实是一个宠物机器海豹，可以让老奶奶抱在怀里抚摸。它虽然不是一只真正的动物，却能抚慰老奶奶的心灵，帮助她面对生活上的巨大冲击。世界上许多赡养院都使用了帕罗，连生病的小孩子也很喜欢这个小机器海豹。

你相信吗？

为了帮助行动不便或是四肢瘫痪的病人，科学家正在研究，如何让他们用思维来控制计算机和机器手臂。他们只要想着口渴，机械手臂就会把水端到面前。

机器人可以让四肢瘫痪的病人取得一点行动上的独立性，不用处处依赖看护。

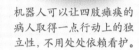

健美的机器人

稳定却又轻巧的"机器骨骼"，机器人拥有与人类很相似的关节。

帕罗

帕罗可以刺激人类的感觉，帮助他们快点恢复健康。

➤ 你知道吗？

在不久的将来，年老以及需要照顾的人的数量会急剧增加，因此也会需要更多护理人员，借助机器人，我们就能够解决护理人力不足的问题。

消防喷嘴

"奥勒"不仅是一个普通的消防喷嘴,它身上还有各种火焰侦测器,可以侦察火源,直接喷水灭火。

在森林或树丛当中,机器甲虫用6只脚走路,比一般使用轮子的交通工具还要快速稳健。

救人的 机器人

当火势逼近的时候,灭火甲虫不是缩成一团,就是挖地洞避难。

在一条交通隧道里,有一辆大卡车起火了。虽然隧道里有通风设备,但是有毒的烟雾仍然弥漫整条隧道,刹那间伸手不见五指。像这样的事故现场,就算消防队装备精良,仍然非常危险。多亏有消防机器人"LUF 60",它顺利地穿过烟雾,一直开到燃烧中的卡车旁边,用它的高压水枪,喷洒了好几千升的水。前后短短几分钟,就把火势控制住了。接着,消防人员才进入隧道处理事故。

人造甲虫

"LUF 60"不是唯一的消防机器人。其实消防专家早就知道,有各式各样不同构造的机器人,可以运用于许多对人类来说凶多吉少的危险场合,例如特别难以对抗的森林大火。为

灭火机器人可以在火势强大的高温下,冒着危险的浓烟及有毒气体,直逼火源,执行灭火任务。

➡ 你知道吗?

沙滩上也即将出现充当救生员的机器人。许多不同的公司同时致力于研发无人驾驶飞机,用来搜索海中的落难者,它们还会直接投下救生圈。空中无人机搜救的速度远比游泳的救生员来得快。

了降低消防人员受到的生命威胁，马格德堡－施滕达尔学院研究出一种能够"越野灭火"的机器甲虫"奥勒"（OLE）。这个看起来像甲虫的机器人，用6只脚爬行，可以毫不费力地找到路径，穿越茂密的树丛，长驱直入，抵达现场。它身上配备着热源传感器，可以侦测到各处的燃烧火源，并且可以立即展开灭火行动。它身上的储存槽虽然没有办法装载太多的水，但是"奥勒"从来不单独行动，它会呼朋引伴出手相助。如果真的太烫，这些人造甲虫还会挖洞躲到地下，或是把自己的身体蜷曲成一团，躲避火势。

寻找生还者

一场地震造成许多房屋倒塌，救援人员随即展开搜救行动。但是这个时候余震不断，随时都可能危及救援人员的生命，所以他们挖挖停停，搜救进度缓慢。参与搜救的还有搜救犬，不过近年来，救援人员也带着机器人作为搜救的伙伴，例如救援机器人"Telemax"，它身上就配备着许多可以侦测生命迹象的传感器。还有在空中盘旋的无人机，它们会用远红外线感热摄影机搜寻生还者身体发出的信号。此外，迷你机器人还可以穿过连狗都爬不进去的微小空隙。

在辐射的炼狱中

但是还有更可怕的场合。核灾发生之后，例如2011年日本福岛的核电站灾难，人是不能进去的，因为那里的辐射有致命的危险。后来日本东芝公司针对福岛核灾的环境，研发出适合投入于这类灾难救助工作的机器人。它们可以进入损毁的核反应器，收集人们迫切需要的情报。一旦证实了它们有这种实力，以后再发生类似的灾难，就可以发挥其功能。

有的机器人长得像条蛇，这样它们就更容易在废墟中来回穿梭，搜寻受害者。

这个机器人像一只蜘蛛，在倒塌房屋的残垣之中，搜寻等待救援的生存者。

救灾机器人

Telemax 这种救援机器人可以克服障碍行走，当然也包括爬楼梯。

➡ **最高纪录**
时速 46 千米

2012年，"猎豹机器人"奔跑的速度达到每小时46千米，比世界短跑冠军尤塞恩·博尔特还要快。

日本福岛核灾发生之后，机器人进入损毁的核反应器里，测量建筑物里的辐射强度。

机器驴
和无人机

货运机器人的头部装配了各种摄影机、扫描仪及传感器。

士兵们穿越山丘和丛林。这种地方没有街道，也不会有乡间小路，他们必须凭着双脚和意志穿越荒野。幸运的是，这些士兵并不需要亲自携带笨重的装备，而是一身轻便地在山林中穿行。在这种环境中，既无法开车，直升机也不能降落，但是具有4只脚的货运机器人却可以敏捷地一路跟随。

4只脚的机器人

这种机器驴和一匹马差不多大，身上载着超过180千克的行李和装备，它会听从士兵的命令，跟着他们走。像"LS3"这一类型的载重机器人，每天能够以每小时6千米的速度行军32千米，能够克服途中所有的陡坡与艰险。它还会辨认出所遭遇到的障碍，自主回避，如果一不小心跌倒了，也会自己站起来。

机器人在战地可以做什么？

机器人在战地可以解救生命。例如，它们会搜寻地雷，并且拆除引信，让人类不至于因此丧命。它们配备着摄影机、红外线传感器以及人工嗅觉器，有能力注意到人类伙伴无法察觉的事情。

独来独往的直升机

"K-Max"直升机是一种无人驾驶的飞行器，可以随时飞往目的地，为远方的士兵快速运送补给物资。一架"K-Max"可以装载将近3000千克的货物，以很低的飞行高度抵达目标，而且不容易被发觉，因为它的体形比载人的直升机还要小。使用"K-Max"这种无人机早就不是新鲜事了！

➤ 你知道吗？

货运机器人"LS3"有能力克服各种地形，跟随士兵们完成任务。借助影像识别技术，它会自动跟随士兵，完全不需要驾驶人员。它们的身上加满了足够24小时行军的油料。

征服天空的无人机

无人机是大家最熟悉的军事用途机器人。美国的无人侦察机"全球鹰"（Global Hawk），是一种体形巨大的无人飞行器。它可以从 20 千米的高空，窥见敌人的一举一动。"全球鹰"展开的翅膀宽达 35 米——这架喷气式飞行器就和小型喷气式客机一样大。

更新型的"X-47B"同样是无人驾驶的战斗飞行器。2013 年 5 月，这架遥控的无人机首度成功地从一艘航空母舰起飞，同年 7 月首度成功降落于航空母舰上——在摇晃的舰艇上起降是极端困难的事情！无人机仍然需要驾驶员，因为并不是所有事情都可以由机上计算机自主地做出判断和执行。只不过这些无人机的驾驶员并不是坐在飞机上，而是待在指挥所里，坐在特殊的屏幕前面。他们在屏幕前操纵飞机，就好像自己在飞机上一样。无人机的使用是一件具有争议的事情。一方面，它可以保护飞行员的生命，让他们安全地在指挥中心工作。另一方面，无人机在作战时，无法精准地击中目标，可能会误杀许多无辜的人。研发还在持续进行，人们最终的目标是——尽可能把战事中的危险任务都交由机器人去执行。

小型无人机可以缓慢地在低空飞行，几乎无声无息。这很适合在敌方的空域执行侦察及搜索任务。

"全球鹰"是世界上最先进的军用无人机之一。

飞行员正在操纵一架无人飞机。这个控制台可以让他如同身临其境一般，跟着无人机一起在天空"飞翔"。

令人沉痛的是，现代的炸弹攻击使得我们日常生活的领域也成为战场，而且常常是一波攻击紧接着一波，进一步造成救援人员的伤亡。在未来，清理现场及救援的任务应该交由特殊用途的机器人去执行，才能避免这种二次伤害。

自 2013 年起，像"X-47B"这样的无人飞机，已经可以在航空母舰上起飞及降落。

演习场面：一个军用机器人正在检查并帮助受伤的人。

空间探测器和漫游车

在 1969 年 7 月 20 日那一天，苏联输掉了太空竞赛重要的一步，因为美国航天员尼尔·阿姆斯特朗就在这一天成为第一个踏上月球的人。然而一年之后，1970 年 11 月 17 日，由苏联传来一个消息——虽然苏联的航天员还没有踏上月球，但是他们首度把一辆漫游车释放到月球表面行走。这辆机器人漫游车叫作"月球车"1 号（Lunochod1），长 2.2 米、宽 1.6 米、高 1.35 米，具有 8 个轮子。从地球上操纵月球表面的这辆漫游车，需要一个 5 人编制的团队。漫游车的任务是测量月球表面的辐射，以及勘探地质。此外，它拍摄了超过 2 万张照片传回地球。虽然"月球车"1 号原本只预计工作 3 个月，但是它连续坚持了 11 个月，而且走了超过 10 千米之后，电池才完全耗尽。由于这次的任务非常成功，苏联于 1973 年再度启动"月球车"2 号的计划。

机器人理想的工作环境

到目前为止，人类把航天员送到遥远行星上的愿望还没有实现，因为这种宇宙飞船必须在太空中航行许多年，而且需要携带巨量的燃料及物资。此外，在太空中还有非常危险的辐射。因此，研究太空的科学家一开始都选择发射空间探测器，因为空间探测器既不需要氧气，也没有必要携带粮食。特别成功的案例是 1977 年美国所发射的"旅行者"1 号，它完成了对巨大的气态行星木星、土星及其卫星的勘探任务。不久之前，它才离开了我们的太阳系，奔向星际太空。人类其他的空间探测器，没有一艘比它航行到离地球更远的地方。由于"旅行者"1 号的电池能够用到 2025 年，因此它还能够持续把太空里的测量数据传回地球。

"隼鸟号"拜访丝川

"丝川"（Itokawa）是一个直径只有 500 多米的小行星，它以非常狭长的轨道绕太阳运行，而且与地球绕行太阳的轨道交错。科学家一直想要获得更多关于天体的知识。日本的科学家在 2003 年发射了小行星探测器"隼鸟号"（Hayabusa），它于 2005

"隼鸟号"小行星探测器降落在小行星"丝川"的表面上，在那里自主地采集了小行星表面的土壤样本，并成功带回地球。

精神号

"精神号"于 2004 年降落在火星表面，在那里完成了许多研究工作。它在火星表面钻孔取样，测量各种数据。

火星探路者

"火星探路者"是 1997 年降落在火星表面的。这辆在地球上只有 10.6 千克重的漫游车，总共拍了 550 张照片。

"旅行者"1 号

"旅行者"1 号自 2012 年 8 月就离开了我们的太阳系，现在正在星际太空航行。

太阳

水星　金星　地球　火星　木星　土星　天王星　海王星

年抵达了编号 25143 的小行星"丝川"。这艘探测器所做的不仅是拍摄照片和收集观测数据，它甚至还降落在"丝川"的表面上，成功采集了土壤的样本。这些事情无法由地球远程遥控，必须由"隼鸟号"自主执行。最后，在 2010 年，它成功把采集到的样本带回地球。

火星任务

1997 年降落在火星表面上的漫游车，是美国的"火星探路者"，它的体形只有装水果的纸箱那么大，在火星表面拍了 3 个月的照片。2004 年，又来了两台构造类似的漫游车"勇气号"和"机遇号"，它们的体形比"索杰纳号"大了将近 10 倍。"勇气号"于 2011 年因故障而停止工作，"机遇号"则一直都在火星表面游走，到处收集资料。2012 年，来到火星表面勘探的是"好奇号"漫游车，它的体形有家用汽车那么大。和先前几辆漫游车一样，"好奇号"也是自主运作，只有在必要的时刻，才由地球远程遥控。

好奇号

"好奇号"于 2012 年来到火星表面，拍摄了许多高分辨率的照片，甚至勘探了火山口。由于体形较大，这辆漫游车可以在短时间内行走较长的距离。

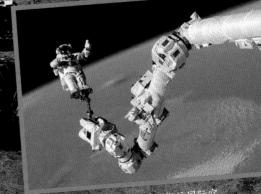

航天员操作巨大的机器手臂，搬运国际空间站（简称 ISS）上的模块。

最高纪录
时速 6.1 万千米

这个速度就是"旅行者"1 号远离地球的速度。到目前为止，世界上没有一架飞行器可以飞得比它快。

半人马座 α 星

再过大约 7.7 万年，"旅行者"1 号就会到达距离我们太阳系最近的星系——"半人马座 α 星"。

在水面下

美国的海洋科学家罗伯特·巴拉德自1985 年就一直想解开长久以来的谜团，后来他终于找到了于 1912 年沉没在大西洋里的客轮"泰坦尼克号"。虽然知道大概的地点，但是由于沉船位于 3800 米深的海底，实在很不容易搜寻。就算是军用的潜水艇，也不能下潜到那么深，更不用说是潜水员，因此巴拉德决定采用潜水机器人执行这项任务。这个机器人叫作"阿尔戈"（Argo），长 4.5 米，配备了各种测量仪器以及摄影机。它是拉着缆线，由研究船遥控的。1985 年 9 月 1 日，机器人的探照灯终于照亮了一个巨大的船壳。"泰坦尼克号"找到了！

机器人修理钻探平台

"阿尔戈"潜水机器人是用缆线遥控的。这种"遥控潜水器"（简称 ROV）不仅用于研究，也被运用于军方，或是修理海上钻探平台之类的事情。遥控潜水器大多以钢管骨架构成，上面安装了电动马达、螺旋桨、探照灯、摄影机，以及机械手臂，每一次执行任务都必须有一整套特殊的装备。它们可以抵抗海上恶劣的环境潜入水下，焊接海底的管道，或是搜寻管线破裂的地点。海洋考古学家则用它们来寻找沉船以及挖掘遗物。

回到失落的城市

大西洋的中央是亚特兰蒂斯地块，这是一座山，山顶大约在水下 700 米的深度。那里有一座所谓的"失落的城市"。在那里有一些高达 60 米的石灰"烟囱"，它们会发热，使水温接近沸腾，所以至今还没有人到达过这座天然

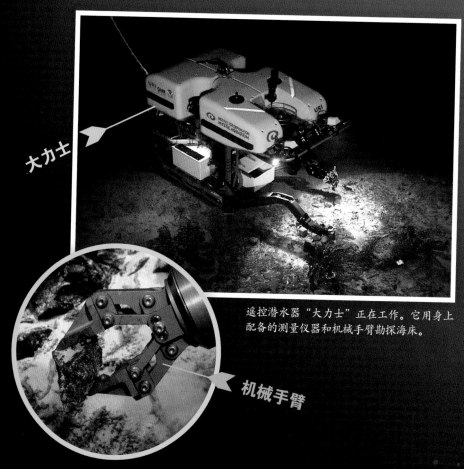

大力士

机械手臂

遥控潜水器"大力士"正在工作。它用身上配备的测量仪器和机械手臂勘探海床。

水下研究机器人
像"大力士"这种潜水机器人，具有研究水下世界的精良装备。它的机械手臂能够做准确的抓取动作，所以可以拾取珍贵的遗物和海床的泥土样本，再回到陆地上来。

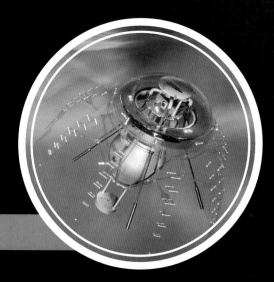

有趣的事情

就像一只水母

这是真的水母吗？不，它是一个正在工作的机器人，只不过外形和游泳的方式都很像它所模仿的对象，甚至连触手和反作用力的运动方式都很像真的水母。

天线

深渊

"深渊"是一架自主潜水器。它的船头配置了各式各样的定位仪器，包括声呐设备，因此这个机器人不仅可以自行导航，而且还能搜寻海底的物体。

的"城市"。然而这正是研究用的遥控潜水器"大力士"（Hercules）的特长。2005年，这个黄色的潜水机器人在海底深处造访了"失落的城市"，并且带回了许多惊天动地的照片。它也用机械手臂从"烟囱"上采集了一些岩石样本，带回到海面上。如果没有"大力士"，人们是不可能对"失落的城市"进行研究的。

冰山下面的孤寂之旅

科学家不能总是用遥控的潜水器来执行任务，因为那条缆线有时会碍手碍脚，有些任务需要"自治式潜水器"（简称AUV）来完成。这种潜水机器人可以自主地行动，特别成功的案例是美国的"奥德赛"，它被用来研究北极冰山的底部，就算是很小的狭缝，这个大约3米长的机器人也进得去，而且还能拍摄在冰里面的海洋生物。其他形式的潜水机器人，则用来自动勘探海底深处，测量盐分和温度，它们好几个星期才浮到水面上一次，把获得的数据传送给卫星。有些自主潜水器配备了特殊的动力，因此可以接连好几个月持续工作。它们必须自己侦测障碍物，并且做出闪避的决定。美国在2008年研发出了迷你潜水艇"深渊"（Abyss）。这个潜水机器人身长4米，可以潜入海底6000米的深度，而且可以持续航行100千米远。它已经成功应用于科学研究工作，就连失踪船只及飞机的搜寻也可以胜任。潜水机器人执行任务时，由研究船带它出海。

自治式潜水器

自治式潜水器没有遥控缆线。它可以自动规划路线，不需处处依赖人的操纵。

遥控缆线

遥控潜水器

遥控潜水器是由海面上的船只通过缆线遥控的。在海面上，人们可以由监视屏幕了解机器人的行踪。

冰原、森林与沙漠

这艘研究船下一步该怎么航行呢？他们打算派出无人机侦察前方的路况。

直到如今，研究南极大陆都还是一个很大的挑战，科学家所面对的不仅是极低的气温，还有遥远的距离。毕竟那里是幅员辽阔、一望无际的大陆，因此自 2000 年起，科学家们就加强探测机器人的研究。特别受欢迎的是各式各样的无人机，它们有许多测量仪器和雷达设备，可以侦测各种数据，例如冰层的厚度。使用飞行机器人的优点是，它们能在大约 100 米的低空以非常缓慢的速度飞行。

万年冰原中的"格罗夫"

美国国家航空和航天局（NASA）研究出一个名叫"格罗夫"（Grover）的冰川机器人，它可以在极地完全自主地漫游。在格陵兰岛进行测试时，"格罗夫"以优异的表现通过了重重考验。这个以太阳能电池为动力的机器人，可以在广大的冰原上找到自己该走的路，还能够完全自动地收集各项气候数据——而且是在地球气候最恶劣的地方。这个机器人的调查对象是它所走过的冰雪层，它会实时将获得的数据传回研究中心。

冰原上的风

为了在冰原上活动，美国国家航空和航天局研究出"风滚草"（Tumbleweed）。它像真正的风滚草一样是一个大球，但是里面塞满了电子设备和测量仪器。这个机器人的动力来源是自然界的风，所以"风滚草"并不需要发动机。就算是很陡峭的斜坡，对于直径大约 2 到 6 米的球形机器人来说也没有问题。如果它想停下来，更仔细地探索所在的地点，那么这个大球就会泄一点气出去，让身体扁一点，躺在那里滚不动。"风滚草"已经横穿了格陵兰岛，计划中的下一站就是南极大陆。但是它还有更遥远的行程，因为人们打算把它放到火星上去。由于火星上的风并不匮乏，所以当它成为火星上的"漫游车"，速度一定快得多。

▶ 你知道吗？

由于气候的变迁，南极大陆巨大的冰川正逐渐萎缩，海岸线的冰原也慢慢地融化。因此对于研究气候的科学家来说，尽一切可能取得更多温度变化的数据，是一件非常重要的事情。在这种工作中，陆上的机器人与空中的无人机都可以发挥所长，帮上很大的忙。

这是测试中的"格罗夫"。再过不久，它就要独自在冰天雪地中探险，执行收集科学数据的任务。

一架研究用的无人机待命起飞。它可以从空中传回照片，以及温度的测量数据。数据是通过无线电传输的。

人造昆虫可以不
动声色地四处活
动，比如这只"蜻
蜓"。它们的存在
不会打扰到真实
的动物世界。

地球上几乎所
有的红毛猩猩都
住在东南亚的苏门答腊
岛和加里曼丹岛。

世界上到底还有多少猩猩？

许多动物学家都想知道这个问题的答案，因此他们会定期派出无人机飞过印度尼西亚雨林的上空。多亏无人机携带的远红外线热感照相机，猩猩的数量问题终于得到了可靠的解答。同样可靠的还有种树机器人，它带着树苗，用4只脚走遍森林，只要遇到合适的地点，就在那个地方种一棵新树。

小型的无人飞行器对研究工作也有很大的帮助，例如深入丛林。

沙漠中的"后翻蜘蛛"（Flic-flac Spider）运动方式非常奇特，这是2013年才在摩洛哥发现的动物。

用蜘蛛般的脚走过沙漠

柏林科技大学研究出一种机器人叫"蜘蛛人"（Tabbot），模仿对象是沙漠蜘蛛。它们在沙漠中演化出一种很奇特的运动方式——在沙丘上空翻和跳跃。由于"蜘蛛人"模仿这种运动方式，所以很适合到没有人进得去的地方收集信息。此外，它们对于农业也很有帮助——甚至火星上的农业。

知识加油站

▶ 计划将来在火星上使用的机器人与漫游车，多半是在沙漠里进行测试的。因为那里的环境条件很接近火星表面。同时，这些为研究火星表面设计的机器人，也可以投入于地球沙漠的研究。

这不是骗人的!

这是一支真正的小号，而且机器人也是真的用嘴巴在吹奏。我们听到的音乐绝不是放 CD 或是用计算机播放出来的。

机器人与我

机器人的模样千奇百怪，用途和种类繁多。无人机可以飞行，自治式潜水器可以在水下航行。工业机器人则没有一个像样的躯体，只有长长的手臂和许多关节。它们的形状往往是根据机器人的功能而设计的，例如汽车工业中使用的机械手臂，从现代的眼光来看，建造这种机器人并不难。

远比这个还要困难的，是建造长得像人类的人形机器人，因为这时它们就必须具有人类的能力及外形。即便如此，仅仅在 2014 年一年之间，就有大学及商业机构研发出将近 400 种各式的人形机器人，因为大家想做出一个"人造人"的愿望实在是太强烈了。

走路，没有想象中那么简单!

建造人形机器人最重要的课题之一，就是让机器人学会走路，而且还必须让机器人活动起来就像人类在走路那样，随时保持平衡。这绝不是一件简单的事情!自 1970 年以来，就有许多科学家努力想办法解决这个问题，而且也曾经建造过许多试验模型，直到 1985 年才成功。但是等到 2004 年，人形机器人才真正可以走得稳，而且有模有样。日本的"走路机器人"（Walking）走得很稳，而且还可以做更厉害的事情：这个 120 厘米高的机器人

是用两只脚走路的，它还会顺手抓起一支平常的小号，吹奏起乐曲来。这并不是骗人的把戏，它真的具有两片人造嘴唇，可以模仿人类吹奏铜管乐器的行为。除了小号，它还会演奏其他乐器。

机器人"NAO"2006 年就诞生了。它可以用很多种语言和人类互动，不但会跳舞，还会踢足球。

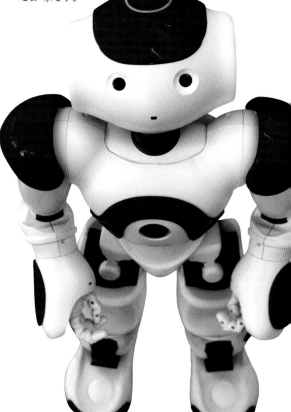

音乐演奏

音乐演奏是典型的人类才艺，正因为如此，研究机器人的科学家才会想办法让机器人模仿这种技能，并且千方百计地使机器人模仿得惟妙惟肖。

运动也是典型的人类技能。因此研究机器人的科学家对此也特别感兴趣。图为他们所创造的"HOAP"机器人。

机器人

机器人

这是亨利克·雪亚夫教授和他的机器人阿凡达。他甚至派这个机器人去学校上课，自己则远程遥控。

人形机器人可以做到以假乱真的程度。上图中，我们就无法马上辨认出哪个是真人，哪个是机器人，这么逼真的程度早就已经实现了。

HRP-4C ➤

人性化的表情

人还是机器？
这个问题越来越难回答了。

向机器人学习

"HOAP"比"走路机器人"还要小，它是一个只有 48 厘米高的机器人。"HOAP"也走得很好，而且手指头可以感觉到东西，可以拿起铅笔或是其他物品。它还知道怎么玩球。在展览会场上，除了讨好观众、博得热烈的掌声之外，它还有一个很严肃的任务，就是要协助开发者，更进一步了解机器人与人类之间的关系。在这个议题上，科学家相信，人类可以很快地把机器人视为伙伴，并接受它们成为居家生活中的仆人或帮手。这也正是生产机器人的公司希望达成的愿景。

机器人可以多么人性化？

现代的人形机器人已经会走路、跳舞、踢足球、爬楼梯、说话、唱歌，也会把碗盘放到洗碗机里去洗，洗完后再拿出来整理，还会游泳，甚至会骑自行车。有些还拥有一张生动的面孔，比如"HRP-4C"，它可以做出人类特有的表情。"HRP-4C"长得非常像真人，在展览会场上，人们往往不能一眼就认出它是个机器人。从这个例子，我们就可以知道未来机器人发展的方向。

能不能帮个忙？

贾斯汀 ➤

"贾斯汀"是德国航空中心2009年研发出来的机器人。在自由度很高的手臂末端，各有4根手指头。

儿子、儿媳、女儿、女婿带着孩子们走了之后，留下了杯盘狼藉的厨房和餐桌。以前迈尔女士通常要花上一个小时，才能够把一切都收拾干净，但是今天她有"埃玛"3号，这个管家机器人是由德国的卡尔斯鲁厄理工学院研发出来的。"埃玛"3号不用脚走路，而是借由灵巧的轮子四处活动。除了底部的车盘之外，它其实具有人形机器人的长相。迈尔女士都还没有交代，它就知道该怎么做了。"埃玛"3号把该洗的东西——堆在洗碗机里，过了一会儿，又把洗好的碗盘杯子——摆到厨房的柜子里。"埃玛"3号是第一个可以完成这么复杂的家务的机器人。它是怎么办到的呢？它用激光扫描仪计算出厨房里每一个景象的3D空间立体模型，计算的结果非常精确，可以让它准确地抓取每一个碗碟和玻璃杯。

每个地方都需要帮忙

像这样把一些自己不愿意动手做的工作，交给机器人去打理，受惠的不只是迈尔女士。住在国际空间站上的航天员，也很期待"贾斯汀"（Justin）的到来——这是德国航空航天中心所研发的机器人。"贾斯汀"是一个轻型的人形机器人，可以协助航天员在太空站里的生活起居。它的手掌像宇宙航天服的手套那么大，这是为了让它有灵活的手指头可以操作我们常见的工具——从螺丝刀到电钻。它还要在太空中漫游，自主地修理卫星。由于"贾斯汀"不需要穿航天服，所以它可以无限期停留在太空中工作，直到电池用完为止。

德国卡尔斯鲁厄理工学院研发的"埃玛"3号，能够独立自主地把碗盘杯子收拾到洗碗机里，洗完之后，再摆回柜子。

在不久的将来，航天员在太空中工作就不会那么寂寞了，不再每件事情都要自己来做。机器人将会成为他们最好的朋友和能干的帮手。

电钻放在哪里？

在一家大型的 DIY 材料商场里，想要找到特定的工具很不容易，特别是找不到服务人员可以问的时候。但是最近在德国的这种 DIY 商场里，人们会遇见一些服务态度友善的机器人，它们会把顾客带到想去的货品架前。这种机器人购物助理是德国的伊尔梅瑙工业大学制造的，于 2009 年开始使用，它们甚至还会销售汽车和整套的厨房设备。西班牙的"REEM-H2"机器人可以在博物馆里为游客做向导，一边带领客人，一边一件一件地介绍展出的艺术品。在它的触控屏幕上，客人可以用各种语言对它提出问题。

目标：随时随地、自动自发

助理机器人的研发人员有一个伟大的目标，那就是让它们在不久的将来，可以自动自发地做该做的事。管家机器人也应该不用等待指令，就会自己去收拾厨房和洗碗机。当人类需要帮忙的时候，它应该要能"感觉"得到，立刻迎上前去。如果在居家生活中，有人身体不舒服，它必须懂得立刻上前扶助，还要打电话给医生。这一切要全部实现，可能还得等上一段时间，但是研发人员很有信心达到这个目标。

你相信吗？

管家机器人的手指配备了灵敏的压力传感器，所以它们可以抓取易碎的玻璃杯。拿茶杯这件事情并没有想象中那么容易，在技术上有很多困难需要克服！因为，如果夹得太紧，玻璃杯会破碎；反过来，如果夹得太松，杯子就会滑落。

机器人先生，请给我一杯水！

最近已经有餐厅聘用了机器人来协助厨房里的食物制作，以及服务客人的工作。

阿西莫——学会走路的机器人

由日本本田公司研发的"阿西莫"（Asimo）是一个人形机器人，自1986年开始研发，2000年第一次公开展示。"Asimo"是"Advanced Step in Innovative Mobility"的缩写，意思是"更进步的行动力"。相对于其他的人形机器人，"阿西莫"有一些很不寻常的特点：它可以像人一样跑步，而且在跑步过程中，还会有瞬间两脚同时离地的真实情况。对我们来说，跑步是再平常不过的事情，但要让机器人做这件事情却非常困难。不仅如此，"阿西莫"会爬楼梯、开门，遇到紧急情况还会转弯。它可以充当服务机器人，会打开电灯，端着盘子把菜肴和饮料摆到桌子上。

眼 睛

它的"眼睛"是两个摄影机，借此可以辨认物品和不同的人。

绿色、白色、红色

它的胸前有3个信号灯，用来显示自身的运作状态。红灯亮表示未来的时候，就表示准备好了！

皮 肤

"阿西莫"的"皮肤"是由镁合金和很强韧的树脂合成的。

耳 朵

装在两只"耳朵"里的麦克风，可以让"阿西莫"听到外面的声音，并且有人叫它的名字的时候，它还听得懂自己的名字！还能辨别声音的方位。

电 池

"阿西莫"有时候也会疲倦，这时它背包里的电池就必须要充电了。

手腕关节

"阿西莫"的手腕装置了压力传感器，所以当它与人握手的时候，可以测量对方用力的大小，并使用同样大小的力量与人互动。

你相信吗？

只要不到1秒的时间，"阿西莫"就可以测量出自己和物品之间的距离，同时还可以辨认出人类的移动情形。如果有人伸出手来致意，"阿西莫"也会伸出手来回应。如果把一个足球放在它前面，它会把球踢走。它还可以分辨10个不同的人的面孔，以及他们各自的声音，并且能叫出每个人的名字。

腹脑的直觉

"阿西莫"的腹部配备了超声波传感器，可以侦测到距离3米以内的物品，甚至是透明的玻璃杯！

→哇！48千克

"阿西莫"体重只有48千克，身高是130厘米。这种身高很适合帮助坐在轮椅上的人类伙伴。

没电梯吗？

没问题！"阿西莫"会爬楼梯，也能够帮你把果汁倒进杯子里！机器人做这类高难度的动作时，手指必须配备灵敏的压力传感器。

机器人的构造

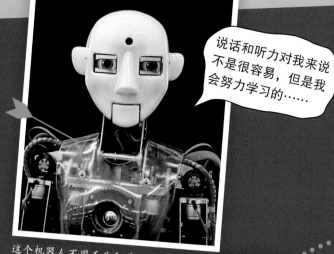

演员机器人

说话和听力对我来说不是很容易，但是我会努力学习的……

这个机器人不用舌头和嘴巴说话，它用的是语音合成技术和一个扬声器。

所谓的"机器人"是一个很笼统的名词，因为它包含了各式各样不同种类的自动设备，例如空间探测器、无人飞行器、自动驾驶汽车、工业用的机械手臂，或是长得像人的机器人。根据用途的不同，各种机器人在技术上的需求也有所不同。从机械的观点来看，仅仅是使它们得以自由活动的转轴就有很多种，此外还需要液压泵和管线。机器人的动力来源往往是电动机，电动机由电池来驱动。

机器人有哪些"感觉器官"？

人类具有视觉、触觉、嗅觉、听觉等感觉器官，借助于感官获得的信息，人们才能够适应周围的环境，或是与其他人互动。机器人也一样，它们常常以摄影机或激光来获得"视觉"信息，借此测量自身与周围物体之间的准确距离。机器人的手指可以装配压力及温度感应器，因此能够获得类似"触觉"的信息，可以感知温度，也知道拿一个玻璃杯要使用多大的力量，才不至于捏碎，也不会让杯子掉下去。它们用麦克风来获得"听觉"，把麦克风所收录的声音信号用芯片加以分析，因此可以辨认不同人的声音，或是听懂人类的命令。综合所有"感觉器官"所获得的信息，机器人在内部建立起周围环境的 3D 模型，确认自己的准确位置，规划行动的路线，然后就像我们的大脑一样，由"脊椎神经"传送命令给各部位的驱动零件——机械手臂、轮子或双脚，进而达成目标。

你相信吗？

近年来，人形机器人也配备了先进的人造皮肤，主要是在它们的手部。由这种材料构成的人造皮肤，可以逼真模拟人类的触觉，使机器人也能像人类一样"感觉"到所触摸物品的质地。

人类手掌与手指的关节构造特别复杂，但是机器人也逐渐可以模仿，甚至与之媲美。

在这只小小的机器狗里面，隐藏着许多先进的技术！

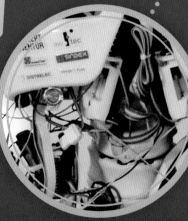

机器人体内有许多盘根错节的电线，就像我们的神经网络一样。它的每一个电动机都需要电，每一个传感器都必须传送信息。

机器狗

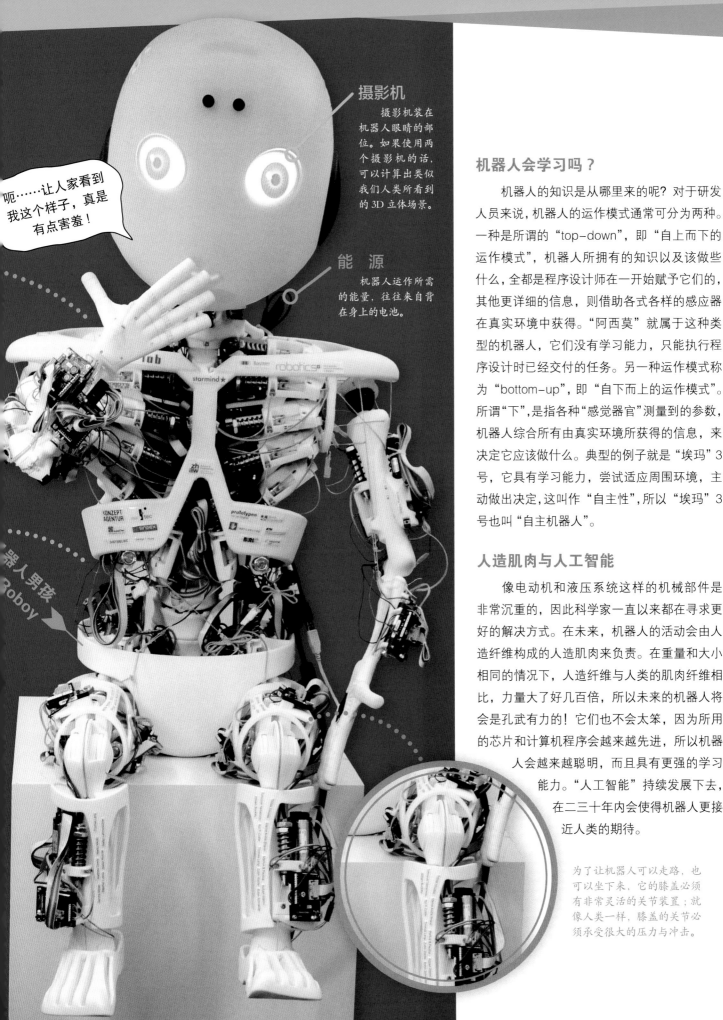

呃……让人家看到我这个样子，真是有点害羞！

摄影机

摄影机装在机器人眼睛的部位。如果使用两个摄影机的话，可以计算出类似我们人类所看到的3D立体场景。

能 源

机器人运作所需的能量，往往来自背在身上的电池。

机器人男孩 Roboy

机器人会学习吗？

机器人的知识是从哪里来的呢？对于研发人员来说，机器人的运作模式通常可分为两种。一种是所谓的"top-down"，即"自上而下的运作模式"，机器人所拥有的知识以及该做些什么，全都是程序设计师在一开始赋予它们的，其他更详细的信息，则借助各式各样的感应器在真实环境中获得。"阿西莫"就属于这种类型的机器人，它们没有学习能力，只能执行程序设计时已经交付的任务。另一种运作模式称为"bottom-up"，即"自下而上的运作模式"。所谓"下"，是指各种"感觉器官"测量到的参数，机器人综合所有由真实环境所获得的信息，来决定它应该做什么。典型的例子就是"埃玛"3号，它具有学习能力，尝试适应周围环境，主动做出决定，这叫作"自主性"，所以"埃玛"3号也叫"自主机器人"。

人造肌肉与人工智能

像电动机和液压系统这样的机械部件是非常沉重的，因此科学家一直以来都在寻求更好的解决方式。在未来，机器人的活动会由人造纤维构成的人造肌肉来负责。在重量和大小相同的情况下，人造纤维与人类的肌肉纤维相比，力量大了好几百倍，所以未来的机器人将会是孔武有力的！它们也不会太笨，因为所用的芯片和计算机程序会越来越先进，所以机器人会越来越聪明，而且具有更强的学习能力。"人工智能"持续发展下去，在二三十年内会使得机器人更接近人类的期待。

为了让机器人可以走路，也可以坐下来，它的膝盖必须有非常灵活的关节装置；就像人类一样，膝盖的关节必须承受很大的压力与冲击。

有些玩具机器人甚至还附带了给儿童穿戴的眼罩、头盔以及其他装备，让他们与机器人一起走向未来，体验一场身临其境的探险之旅。

你好！请过来跟我玩，我希望成为你的朋友！

儿童的
玩具机器人

在 20 世纪 50 年代，机器人就已经征服了德国小朋友的房间。当时的玩具机器人是用上了漆的锡片做的，差不多 40 厘米高，"嘎嘎"地响着在地板上到处滑动，用一闪一闪红色的灯光，向敌人"发射火箭"。它们有的在头上装了大型的雷达天线，有的戴着航天员头盔，有的则是模仿电影里的机器人造型。生产这些怪模怪样玩具机器人的公司，有不少是德国和美国的制造商，但是大部分是日本的。起初，这些机器人利用类似钟表的齿轮构造来驱动，需要用手转一转，上紧发条它才

在当年的广告传单上，玩具机器人往往是以巨无霸的姿态出现在众人面前。

会动。除了那些矮矮胖胖的人形玩具机器人，动物造型的机器人也很受欢迎，特别是小狗。无论如何，这些曾经风靡一时，用锡片打造的玩具机器人，都是科技进步的象征，它们在玩具世界里呈现出人们对未来世界的憧憬。

"迪基"会说话！

20 世纪 70 年代，玩具机器人身上那个上发条的把手慢慢消失了，因为制造商开始使用电动马达和电池。有些比较贵重的玩具机器人，甚至还配了一条电线，可以遥控。慢慢地，它们配备的功能越来越多，可以倒

这是风靡一时、备受欢迎的爱宝机器狗。它的身体动起来就像是真的狗一样，而且也很喜欢大家去摸它。

皮里欧机器恐龙也会觉得饿，这时如果主人喂它一种用塑胶做的叶子，它就会恢复元气，不再吵闹。

→ 销售纪录
3000 只爱宝狗

1999 年，爱宝狗首次在网络上市的时候，18 分钟之内就卖了 3000 只。

立，或是会取下头盔，有的则是在机身里装置了迷你唱片或循环录音带，使这些玩具机器人可以发出声音或讲话。20 世纪 80 年代，风头最劲的机器人当属"迪基"（Dickie），因为它是一个会说话的玩具机器人。它不是由锡片打造的，而是由塑料材料做成的。

爱宝机器狗

20 世纪末，玩具机器人变得越来越贵，可是也越来越聪明。1999 年的"爱宝狗"（Aibo）当时可以卖到约 2500 欧元。它的英文全名是"Articial Intelligence Robot"（人工智能机器人），是日本索尼公司生产的机器狗，这个系列一直销售到 2006 年。爱宝狗可以像一只狗那样在地上爬行、翻滚、摇尾巴，耳朵也会动，还听得懂主人简单的命令，会跟着骨头走。这些能力要归功于其内部的微电脑芯片、摄影机、麦克风，以及各式各样的传感器，这使得它具有方向感，会要宝，甚至会玩球。

小孩房间里有恐龙？

更聪明的机器玩具是"皮里欧"（Pleo），这是一只机器恐龙，看起来像宠物抱枕，但是它身上总共配备了 14 个马达、1 个数字摄影机和 38 个传感器。和爱宝狗一样，皮里欧恐龙也会走路，善于和小主人互动。如果房间里有很多只皮里欧，它们还会互通有无，彼此交换信息。根据环境以及与主人的互动，每只皮里欧会发展出自己独特的个性和行为模式。

谁帮忙收拾房间？

在小孩的房间里，爱宝狗和皮里欧恐龙这类聪明的玩具，会照顾好自己。但散落的玩具和衣物，就需要管家机器人帮忙收拾。对于机器人来说，收拾房间属于难度很高的工作。例如裤子脏了没有，东西要收在哪里，这些问题都是挑战。不过像"埃玛"3 号和"关怀机器人"这类机器人，以后可能会发展出整理儿童房间的能力。

把恐龙当作家庭宠物？皮里欧恐龙实现了孩子的梦想。

注意！注意！我们来自未来。我们的任务是征服儿童的房间！

"机器人世界杯"足球赛紧张刺激的程度堪比任何一场真实的足球赛。

大大小小的足球明星

"纳奥"进攻了！

"纳奥"（NAO）用脚盘着球，像个真正的前锋。只不过它还在发展阶段，还没拿到毕业证书！

➤ 你知道吗？

"机器人世界杯"（RoboCup）参赛者的最大愿望，就是能够在 2050 年派出由人形机器人组成的足球队，和真人组成的足球队比赛，并且夺得世界冠军！

哪一种流行于全世界的团体运动，不但特别紧张刺激，而且还需要良好的体能，以及高超的技巧和策略呢？对于大多数爱运动的人来说，这个问题的答案很清楚，那就是足球。这项运动当然也深受机器人工程师的喜爱，因此从 1997 年起，一些科学家开始举办"机器人世界杯"（Robot World Cup，即 RoboCup）。虽然还有其他类似的机器人竞赛，比如"世界机器人奥林匹克"，或是"机器人大赛"，但是大家比较熟悉的还是 RoboCup——因为它是足球比赛。参加"机器人世界杯"争取胜利的乐趣，不仅在于运动项目本身的娱乐性质，更重要的是人们有机会观摩各种不同形式的机器人，比较各种技术的发展和成果，所以兼具娱乐及科技交流的性质。近年来，每年都有超过 2000 名科学家齐聚一堂，在这个比赛中发表他们的研究成果。

各式各样的联盟

就像真正的足球比赛一样，在"机器人世界杯"里也有各种不同的联盟。那些小型的机器人组成小联盟踢足球，由 5 个机器人组成队伍上场比赛。这些体形较小的机器人不能自主参赛，而是由场边的队友遥控。在中型联盟里，机器人是不受遥控的，它们可以独立自主地参赛。这些机器人并不一定要会走路或跑步，它们往往是用轮子行动，把球推进球门。而在人形机器人联盟里，参赛的机器人必须具有人类

球星 ➤

机器人的球场并没有真正的足球场那么大。

的形象，所以它们必须像个真正的足球健将一样在场上奔走。这种联盟又分为 3 组："小型组"参赛的是身高 60 厘米以下的机器人，"中型组"是100~120 厘米的机器人，"大型组"则是身高超过130 厘米的机器人。另外，"2D"或"3D"的比赛没有真正的机器人参赛，这种比赛是像电动游戏那样，由程序设计者出赛。青少年联盟则只允许 15 岁以下的青少年带着他们的机器人上场比赛。

像世界杯一样紧张刺激

如果有人觉得，比起真正的世界杯足球赛，"机器人世界杯"一定很无聊，那他就大错特错了，因为真正的世足赛里所有精彩的场面在这里也有，比如罚球点球、守门员扑球的场面，以及观众席的欢呼声。这个比赛每年只举办 1 次，各国大学及研究机构都派出球队，对此活动相当重视。对于真正的足球迷来说，这也是非看不可的比赛！

这是比赛中的一幕紧张刺激的场景。红队 3 号球员正准备把对方的球拦下来，它会成功吗？

蓝队 2 号球员突破了防守，正准备射门……

一位教练正在场外"交代球员"出赛的时候应该注意的事情。

2 号怎么了？原来它一时失去平衡，正要倒下去！

足球迷
访谈

史蒂芬·科尔布列赫毕业于德国达姆施塔特工业大学的信息工程系，他参与"机器人世界杯"足球赛，是达姆施塔特球队的成员。他不仅了解足球这项运动，而且也熟悉机器人的研发工作，因此出版社编辑特别访问他，深入了解几个问题。

姓名：史蒂芬·科尔布列赫
学历：信息工程硕士
爱好："机器人世界杯"足球赛

蓝队开始进攻，但是红队也已经各就各位进入防位置了。这场球赛接下来会如何发展呢？

你们是怎么研发机器人的？

机器人的表现取决于它的弱点，而不是它的强项。例如，参加"机器人世界杯"足球赛的时候，如果机器人可以跑得很快，但是却看不到球，也会劳而无功。反过来，如果足球辨识能力很强，可以紧紧盯住球，可是动作却很缓慢，那也是于事无补。正因为如此，我们的工作总是分成好几个研究小组，让学生们各自专注于不同的领域和功能。机器人的软件和硬件必须紧密地配合，所谓的软件就是让机器人知道如何"思考"，硬件方面则是机器人身上各部位的零部件及其功能。

布鲁诺

球的大小是根据机器人的身高来决定的，球的颜色鲜艳夺目，因为这样摄影机比较容易辨识和追踪动向，机器人的脚也可以更准确地踢到足球。

你们参加比赛只是为了好玩吗？

不是的。参赛虽然是一件很好玩的事情，但是它对于我们的研究工作更重要，我们所研发的机器人问题出在哪里，在比赛的过程中可以看得很清楚。

原来如此。那么"机器人世界杯"大赛为什么偏偏选择足球这个项目？

以前大家一直认为，下棋是测试人工智能很好的比赛项目。可是后来又发觉，只要提前多计算出几个棋步，就可以让运算速度很快的计算机成为下棋高手，但是这些技巧一旦遇上"机器人世界杯"足球赛，就一点用处也没有了！就像真正的足球赛一样，机器人在比赛的时候，足球是满场跑的，目标一直在移动，而且这些事情都需要机器人做"实时"应对。这种场景是没有办法"提前多计算几步"的，因此和下棋比起来，踢足球才是机器人真正的挑战！

"机器人世界杯"竞争很激烈吧？

　　嗯……也还好啦！就像真正的足球赛一样，机器人组成的队伍也是直接面对面上场比赛，而且每一队都想赢得比赛，这是理所当然的。但是这里面并没有太多竞争的气氛。对于每一支研究团队来讲，带着机器人所组成的队伍出赛时，大家心中挂念的是要验证他们的研发成果，进而发现问题，取得更多技术上的进展。如果可以赢得比赛，那当然最好！

"赫克托"（Hector）正在探索一个迷宫，搜寻是否有受害者受困。这个机器人曾在2014年获得了救援联盟的世界总冠军！

是这样啊！那么你们的下一个目标是什么？

　　我们打算继续研发机器人救灾系统，例如让它们可以把人从倒塌的房屋里抢救出来。在软件上要执行这种任务，我们就用得到参加足球赛所用到的技术。我们参加足球赛，最主要的目的是参与救援联盟，而不是足球联盟。

救援机器人的内部塞满了电子设备和错综复杂的电线。上场之前，所有的硬件和软件还要反复做最后的检查。

到目前为止，
比赛中哪个时刻最为紧张刺激？

　　比赛常常是很令人兴奋的！因为机器人都是独立自主地判断当前的情势，来应对每一个场面，所以我们都不知道它们下一步会采取什么行动……不过最紧张的当然还是争夺世界冠军头衔的那一场，因为那个时候所面对的是最强劲的对手。

你们遇到过什么令人意外的事情吗？

　　有有有！2006年那一场，我们的机器人完全自主地完成了一招脚后跟的绝技！然后还有我们的守门员，它在2011年那一场，居然把球抓起来往后丢。裁判本来就要吹哨了，因为这是一个进自己球门的乌龙球，可是当那个机器人真的把球举起来，越过肩膀往后丢的时候，大家还是觉得好笑！

对于输球会觉得很气馁吗？

　　这有点像真正的运动比赛，刚刚输球的时候，所有的队员难免会感到泄气！事情不顺利，毫无进展，心里当然觉得不舒服。但是比赛的输赢只不过是参赛的其中一面，另一面则是研究工作，而我们的研究工作与比赛的名次其实并没有关系。如果有一天，我们教会了机器人如何把人从危难中解救出来，或是真的在厨房里帮得上忙，那才是真正的胜利！

➡ 你知道吗？

　　在机器人足球赛里，有一个特别为救援机器人成立的联盟，称为机器人世界杯救援联盟。它们的主要技能不在于踢足球，而是爬楼梯，以及救援伤员。

机器人行动的每一个细节，都要在电脑上仔细地察看，这样才能找出其中的问题，改善它们参与球赛的表现。

未来的汽车

美国纽约市的居民睁大了眼睛，盯着一辆汽车从他们身边开过，车里根本没有人驾驶。这件事发生在 1925 年的夏天，接着，这辆汽车又陆续出现在其他城市。大家发现，坐在汽车里的乘客看起来神情很自在，一点儿也不惊奇，因为他们心里很清楚，这辆汽车其实是遥控驾驶的，遥控的人就坐在紧跟在后面的那辆车里。有几个研究人员想通过这辆车来展现未来世界的街道场景。同样地，美国通用汽车公司的研发人员也有这种想法，他们在 1962 年的西雅图世界博览会中，展示了未来汽车"火鸟"3 号（Firebird Ⅲ）。参观博览会的游客可以乘坐这辆无人驾驶汽车走一小段路，可以参观车里各式各样的传感器和电子仪器。这家公司当时承诺，等到 1975 年，这项科技就会成熟，并且将会无所不在。

巨大的挑战

直到今天，我们只要看一眼街上来来往往的车辆，就会发现当时通用汽车公司或是其他的汽车制造商并没有兑现他们的承诺。他们当时所展示的汽车，是以非常复杂、昂贵的方式建造的试验模型，其实只能开在预先布置好，经过特殊设计的街道上。就算是二十世纪七八十年代研发出来的新型自动驾驶汽车，也需要有人坐在驾驶座上监控，以防发生意外。但是我们所期待的是完全不需要驾驶员的汽车，并且可以把乘客安全地载到目的地。到了 1995 年，奔驰汽车公司的"S 系列"终于克服了重重困难，成功地由德国南部的慕尼黑开到丹麦的哥本哈根，再从那里开回来，途中几乎没有人为的干预。

"车对车通信"可以让路上的无人驾驶汽车随时随地交换重要的信息。

现在已经有辅助驾驶系统，它可以随时扫描周边的交通状况，遇到紧急情况会自动把汽车刹住。

在不久的将来，我们将可以用智能手机把汽车从停车场里"叫出来"。

一名日本的工程师正在测试无人驾驶汽车。他坐在驾驶座上，随时可以出手干预自动控制，把汽车转换为手动驾驶模式。

无人驾驶车来了！

2005 年以来，几乎所有的知名汽车制造厂商，都致力于研发无人驾驶汽车。与时俱进的计算机科技，以及各类传感器的高度发展，使得他们的无人驾驶汽车已经相当成熟，而且也很安全。未来无人驾驶车将会充斥大街小巷。但是在此之前，还有一些技术和法律上的问题需要解决。例如，如果发生了车祸，到底谁该为肇事的无人驾驶汽车负责呢？我们到底应不应该让这些汽车机器人"无证驾驶"呢？

我要回家，谢谢！

只要乘客说明了去向，车就上路了。乘客上了车，按下开关，然后告诉导航系统要去哪里。接着，这部无人驾驶车利用卫星定位系统，规划好路线，启动引擎，然后就上路了。车上的传感器会侦测路上其他的车辆与行人，与他们保持距离。摄影机会识别红绿灯和交通标志。遇到状况的时候，无人驾驶车反应很快，比任何真人驾驶的汽车都要更敏捷，它会立刻刹车。此外，这辆车一路上都会和其他的无人驾驶车保持紧密的联系。通过"车对车通信"，这些车随时都在交换信息，包括哪个路段会堵车、哪里有交通事故，或是哪个路段结冰路滑。

Ultras 电动车计划了 4.2 千米长的无人驾驶短程交通距离。

输入目的地

知识加油站

▶ 美国汽车专家曾预言，到 2040 年，全美国四分之三的汽车都会是无人驾驶的智能汽车！

ULTra

203

在英国伦敦的希思罗机场，人们可以搭乘无人驾驶车，从机场坐到停车场。

纳米机器人的体形不能比红细胞大太多。

血管阻塞

动脉血

纳米机器人
这个纳米机器人成功找到了血管阻塞的地方，开始清除造成阻塞的异物。

纳米机器人就像自主潜水器一样，是具有机械手臂的潜水机器人，只不过体形要小得多。

纳米机器人与赛博格

医生用注射器把一些细小的纳米粒子注射到病人的肚子里，因为里面有恶性肿瘤正在蔓延。这些纳米粒子的任务就是要摧毁肿瘤细胞，因此它们身上携带着针对这些肿瘤细胞的毒素。粒子专门塑造成可以与肿瘤细胞结合的化学结构，这样它们就容易附着在肿瘤细胞上，并且进入到细胞内部，释放出它们所携带的药物。这是一种正在研发的医学新科技，称为"靶向治疗"，意思是说，毒素只针对特定的肿瘤细胞，而不会伤害到其他健康细胞。这些携带药物的纳米粒子，虽然不是我们想象中的机器人，但是有一天它们可能会成为真正的机器人，称为"纳米机器人"（nanobot）。纳米机器人的体形大约和我们体内的红细胞一样大，有会动的机械手臂、驱动系统，还有各式各样的感应器，可以辨认出病毒和淤积在静脉中的有害物质。它们成千上万地由血管注射进去，然后搜寻并摧毁癌细胞、病原体，或是清除阻塞血管的异物。这是纳米技术未来在医学上的愿景。

不用吃药

科学家发明纳米机器人，就是希望创造不需要吃药的治疗方法。派机器人进入体内，直接找到病源，解决问题。

知识加油站

▶ "纳米"就是"nanometer"，是十亿分之一米的意思，其中的"纳"就是"nano"。"nano"这个前缀源自希腊文，在科学上很常用，是 10 的负 9 次方的意思。1 纳米有多长呢？大约是我们细胞膜厚度的十分之一。所谓的"纳米科技"，就是制造或操作极端细微结构的技术，涵盖的范围是 1 纳米到 100 纳米。

▶ "赛博格"是"cyborg"的音译，意思是"电子驱动的有机体"，通常指电子机械与有机生物的混合体。

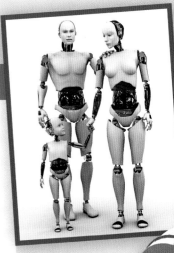

人类身上有多少器官可以用电子机械装置来取代呢？这个问题一时之间还没有确定的答案。

机器人权?

在未来世界，具有智慧的机器人可能和我们一样，也会要求它们所应该享有的权利。它们甚至还可能希望，以法律来规范我们对待智能机器人的方式。那么，机器人是否也会争取固定的休假天数呢?

人还是机器?

相较于几百年前，这个问题在今天已经不是那么容易回答了。这是因为我们生活在科技快速发展的时代，人和机器之间的界限越来越模糊。现在，许多人身上装了机器，例如人工关节、心律调节器或义肢，如果少了它们，这些人就没有办法过正常的生活。最新的发展还有视网膜移植，所移植的并不是其他人的视网膜，而是计算机芯片。把这些芯片植入视网膜的位置，可以让有视力障碍的人恢复一部分视力。将来还会出现更多不同种类的芯片，可以植入到人体甚至脑部，让四肢瘫痪的人恢复行动能力，或者是让患有阿尔兹海默病的病人维持记忆力。如此发展下去，人类也就越来越像电影上的"赛博格"，成为人与机器的合成生物体。

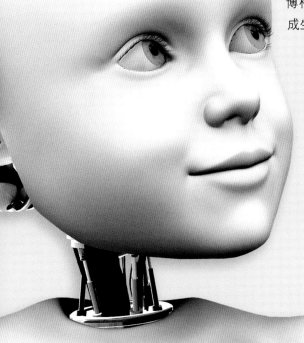

我们未来会不会都变成"赛博格"呢? 许多未来学的专家都认同了这种可能性，因为我们的身体与机器结合的程度越来越高，而且在未来将变得势不可挡。

一个像头戴式耳机的脑机界面，可以测量脑部活动的电流，并且能够经过解析把它转换为操纵机器的命令。

用思维控制的机器人

机器人早就可以听得懂一部分人类语言了，但是还有一种更直接的沟通方式可以控制它们，那就是用我们的思维。这个时候，需要在脑部和电子计算机之间，建立起一种特别的接口——即所谓的"脑机界面"。这种界面现在用的是一个头盔或是像头戴式耳机那样的电极接口，不过在未来很可能只是一个植入脑部的芯片。脑机接口的主要目的，就是要辨认出脑部的活动，同时把这些信号收集起来，传送给外面的计算机。现在已经有一些瘫痪的病人，可以不需要键盘，用思维就能够在计算机上写字，他们只要把那个句子从头到尾想过一遍就好了。同样的技术与方法，也可以用来操纵机器人。

欢迎光临智能家庭

再过 20 或 30 年，家里的日常生活很可能完全不一样了，我们的房间会变得很"聪明"。这个智能家庭会自动去做很多重要的事情，家里到处都隐藏着芯片和计算机，随时都在监控各种数据，并且和机器人交换信息。智能型房屋也特别注重安全防护与警卫，因此会随时监控每个房间和花园，如果有人想入侵，就会马上通知警方和管家机器人，立刻让所有的灯都亮起来。虽然它的主要任务是在其他的居家生活方面，却也足够把入侵者吓跑。

我们厌烦的家务事，例如洗碗，当然是由机器人代劳。

下午 6：30

爸爸妈妈回来了，作业做完了，房屋打扫干净了。现在是休闲活动的时间，大家可以去做自己最喜欢的事情。就算是这种时候，智能型房屋也可以帮上很大的忙！例如有人找不到玩具，或是玩具的电池没电了，它就会提供帮助。如果小主人有点想睡觉，机器人就在睡前朗读小主人最喜欢的故事书。

扫地吸尘的工作就由这个小机器人接手。不知不觉中，地板就变得干干净净了。

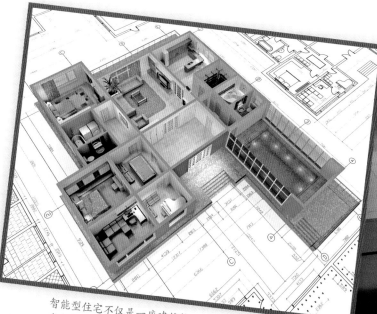

智能型住宅不仅是一座建筑物，同时也是一个计算机化的环境，我们相当于和机器人住在一起。

下午 5：30

做作业的时候，机器人也可以帮上很大的忙，尤其在数学方面，它们能力超强。但是有些问题是机器人没有办法回答的，所以孩子们就想打电话给爸爸妈妈。他们不需要去拿电话筒，因为在这种房间里根本没有电话。只要他们想打电话，这个房子就会帮他们接通，而且不管在哪一个房间，想要说话就可以说话，爸爸妈妈也都听得见。

现在我们已经可以用智能手机远程控制家里的许多电器设备。

早上 6：30

大家醒过来之前，房间里的暖气就自动打开。如果想洗澡，洗澡水也已经准备好了。

早上 7：00

房间里开始放音乐，把大家叫醒——当然，每个人听到的音乐都是自己喜欢的。管家机器人开始煎荷包蛋，准备早餐。这时，冰箱通知家里的牛奶快要用完了，不过它已经在网上订了货。咖啡机自己启动了。机器人把面包放到烤面包机里，但是还没有按下去，它要等到全家到齐了才开始烤。机器人也知道，面包要现烤才好吃！

这道菜怎么做呢？别担心，机器人会自己上网下载食谱。

早上 9：30

有人来按门铃，但是没有人在家，怎么办？不用担心！这个房屋认得那个邮差，会自动把门打开。他带来一个包裹，机器人会代为签收。没多久，冰箱所订购的牛奶和其他食物送到了。送货员也被认出来是哪一位，所以就让他进来了。之后又来了一个陌生人，他在对讲机里被这个房子问了几个问题，结果都回答不出来，结果当然是被拒之门外。

下午 5：00

放学时间到了，自动驾驶校车把小主人带回了家。家里的餐桌上已经准备好午餐，今天要吃的是茄汁意大利面，非常美味！这是家里的两个管家机器人刚刚煮的。这个家庭很重视饮食健康，所以太油腻的食物不会端上餐桌。机器人也会特意每天变换菜色，还要计算热量，考虑营养的均衡。至于下午的点心，它们今天准备的是松饼。

家里的狗狗习惯了每天早上都要出去遛遛，没问题，这件事情机器人也可以做。

名词解释

我们会做的，人形机器人也都会。"纳奥"（NAO）会说话、会走路，还会跳舞！

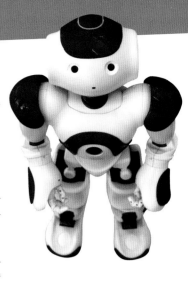

助理机器人：可以在各种日常事务上协助我们的机器人。

阿凡达：人类的机器人替身。有些是计算机里的虚拟人类，有些则是真实世界里的仿真人。

自上而下的运作模式：机器人运作模式的一种。在这种模式下，机器人的行为是由科学家提前设计的程序来决定的。

自下而上的运作模式：是指机器人具有学习能力，可以根据现实环境的各种状况，做出新的决定。

脑机界面：让我们的脑部与电脑可以互相沟通的电子设备。

赛博格：是"cyborg"一词的音译，它是"Cybernetic Organism"的缩写，意思是"电子驱动的有机体"，通常指的就是电子机械与有机生物的混合体。

人工智能：尝试模仿人类智慧的科学技术。我们期待的是，它们应该要像人类一样，可以自行解决困难的问题，并做出决定。

车对车通信：汽车与汽车之间自动交换信息的通信系统。例如，它们正在哪里、朝哪里去或速度有多快。

无人机：遥控或自主的飞行器，也就是会飞的机器人。

机器骨骼：穿戴在人体的外部，用来帮助瘫痪或行动不便的人，让他们可以自由活动。

人形机器人：具有人类造型的机器人。通常会有两条手臂、两只脚、躯体和头部，但是不一定具有人类的表情与姿态。

工业机器人：在产业界为特定工作而设计的特殊用途机器人，如做一些汽车工业的焊接工作。

机器人世界杯：即 RoboCup，这是自 1997 年起每年举办一次的机器人足球赛。

纳米机器人：极端细微，比我们的细胞还要小的机器人。

穿孔卡片：最早的计算机程序，每一行都是打在一张卡片上，通过孔洞的排列组合，来表示不同的符号。以前写程序是用打卡机打出一沓卡片，再把卡片送到卡片阅读机，读进计算机，或是直接拿去控制自动机器。现在已经很少用了。

语音识别技术：其目标是将人类语音中的词汇内容转换为计算机可读的输入。

机器人世界杯救援联盟："机器人世界杯"里的一个联盟。这个联盟特别为救援机器人而举办赛事。

无人驾驶车：不需要驾驶员就可以上路，自动驾驶抵达目的地的机器人汽车。

遥控潜水器：一种可以潜水的机器人。必须通过一条电缆，由海面上的船只来遥控。

漫游车：特别为陌生的行星表面所设计的自动驾驶车辆，偶尔必须从地球远程遥控。

扫描仪：利用光电技术和数字处理技术，扫描文件或图像信息的装置。

智能家庭：全面由计算机控制的居家生活环境。

自主潜水器：可以潜水的机器人。它不需要用一条电缆拉到船上来遥控，可以自己寻找路径，并决定应该做什么。

机器人团队：由许多机器人组成的工作团队。它们工作时会彼此交换信息，相互配合。机器人团队的重要性在于：有些任务不是由个别的机器人所能独立完成的，必须分工合作，才能圆满完成任务。

传感器：可以测量各种环境变化的电子零件，包括温度、压力、声音、化学气味等数据。

晶体管：在科技生活中很重要并且无所不在的电子元件。它可以把电信号放大，也可以作为开关，通过记录 1 和 0 两个状态，来储存或传递信息。

内 容 提 要

遥远的火星上、神秘的大洋深处、热闹的牧场里，都有机器人的身影。未来，机器人是否会成为家庭生活中不可或缺的一员呢？让孩子跟随本书的脚步，了解更多关于机器人的故事。《德国少年儿童百科知识全书·珍藏版》是一套引进自德国的知名少儿科普读物，内容丰富、门类齐全，内容涉及自然、地理、动物、植物、天文、地质、科技、人文等多个学科领域。本书运用丰富而精美的图片、生动的实例和青少年能够理解的语言来解释复杂的科学现象，非常适合 7 岁以上的孩子阅读。全套图书系统地、全方位地介绍了各个门类的知识，书中体现出德国人严谨的逻辑思维方式，相信对拓宽孩子的知识视野将起到积极作用。

图书在版编目（CIP）数据

神秘机器人 /（德）班恩德·佛勒斯纳著 ；林碧清译 . -- 北京 ：航空工业出版社，2021.10（2024.1 重印）
（德国少年儿童百科知识全书 ：珍藏版）
ISBN 978-7-5165-2759-7

Ⅰ. ①神… Ⅱ. ①班… ②林… Ⅲ. ①机器人—少儿读物 Ⅳ. ① TP242-49

中国版本图书馆 CIP 数据核字（2021）第 200046 号

著作权合同登记号
图字 01-2021-4052

Roboter. Superhirne und starke Helfer
By Dr. Bernd Flessner
© 2014 TESSLOFF VERLAG, Nuremberg, Germany, www.tessloff.com
© 2021 Dolphin Media, Ltd., Wuhan, P.R. China
for this edition in the simplified Chinese language
本书中文简体字版权经德国 Tessloff 出版社授予海豚传媒股份有限公司，由航空工业出版社独家出版发行。
版权所有，侵权必究。

神秘机器人
Shenmi Jiqiren

航空工业出版社出版发行
（北京市朝阳区京顺路 5 号曙光大厦 C 座四层　100028）
发行部电话：010-85672663　010-85672683
鹤山雅图仕印刷有限公司印刷　　　　全国各地新华书店经售
2021 年 10 月第 1 版　　　　　　　2024 年 1 月第 8 次印刷
开本：889×1194　1/16　　　　　　字数：50 千字
印张：3.5　　　　　　　　　　　　定价：35.00 元

船的故事
从观水舟船到远洋船舶

飞机的秘密
人类飞行的梦想

火山探秘
来自地底的火焰

七大奇迹
上古时期的宝藏

汽车世界
精彩的汽车发展史

鲨鱼家族
海洋里的冷峻猎手

百变天气
阳光、风和暴雨

穿越大自然
探究与保护

鲸和海豚
海洋里的哺乳动物

恐龙王国
永远消失的地球霸主

矿物与岩石
闪闪发亮的宝藏

爬行与两栖动物
鳄鱼、林蛙和巨蜥

大自然的力量
难以估量的威力

改变世界的电
高电压与超导体

各种各样的鱼
水下的奇妙世界

猫的家族
拥有柔软绒毛的敏捷猎手

奇境森林
动植物的天堂

忠诚的狗
四只爪子的家族

浩瀚宇宙
宇宙的秘密

狼的故事
走进荒野里狼族的世界

蚂蚁和白蚁
千年的建筑师

美丽的蝴蝶
色彩斑斓的自然精灵

蜜蜂和胡蜂
美味蜂蜜与可怕的蜇针

潜水的魅力
潜入水下的迷人世界

古老的希腊文明
神殿、英雄和诗人

古罗马生活
古罗马城的社会百态

欧洲风情
人口、国家和文化

骑士时代
城堡、比武大会和贵族女性

舞动的音符
古典音乐的奇妙世界

古老的城堡
中世纪的见证

熊的秘密生活
棕熊、大熊猫、北极熊

化石档案
生命的旅途

奇妙的昆虫
六条腿的生存艺术家

极地世界
生活在冰雪王国

神秘的蜘蛛
丝线上的猎手

大象王国
温和的"巨人"

海底宝藏
沉没的宝藏

海洋之谜
海洋研究与保护

火星登陆
红色星球定居计划

忙碌的农场
动物、植物与农业机械

时尚魅影
时尚的古与今

全球气候
冰期和气候变化